密码岛Ailand少儿编程系列教材
完整分阶课程体系 覆盖编程全科学习

一起"趣"编程 ②下

图形化编程 校园版

从0到1，"编"玩"编"学

广州密码营地科技有限公司 编著

U0177719

中山大学出版社
SUN YAT-SEN UNIVERSITY PRESS
·广州·

图书在版编目(CIP)数据

一起"趣"编程：图形化编程：校园版.2：上下册/广州密码营地科技有限公司编著 .—广州：中山大学出版社，2021.9

(密码岛Ailand少儿编程系列教材)

ISBN 978-7-306-07319-8

Ⅰ．①一… Ⅱ．①广… Ⅲ．①程序设计—少儿读物 Ⅳ.①TP311.1-49

中国版本图书馆CIP数据核字(2021)第179349号

出 版 人：王天琪

策划编辑：曾育林

责任编辑：曾育林

封面设计：曾　斌 孔　月 李春榕 董思源 黎雨婷

责任校对：梁嘉璐

责任技编：靳晓红

出版发行：中山大学出版社

电　　话：编辑部 020-84113349，84110776，84111997，84110779，84110283
　　　　　　发行部 020-84111998，84111981，8411160

地　　址：广州市新港西路135号

邮　　编：510275　　　　　　传　　真：020-84036565

网　　址：http://www.zsup.com.cn　E-mail:zdcbs@mail.sysu.edu.cn

印　刷　者：佛山市浩文彩色印刷有限公司

规　　格：787mm×1092mm　1/16　17.25印张　150千字

版次印次：2021年9月第1版　2021年9月第1次印刷

定　　价：78.00元

编委会

序 言

  随着全球进入信息化时代，国家对大数据及人工智能的极力支持，智能编程已渗透到各行各业，成为必不可少的一部分。在未来信息时代，程序技能将会成为一项基础技能。而作为少儿编程思维启蒙和以STEAM教育为理念的图形化编程，已逐渐被人们所青睐。

  图形化编程作为少儿编程的启蒙，拥有无穷的魅力。它将枯燥的编程变得像搭积木一样简单好玩，让孩子从创意开始，把想法变成现实，创作属于自己的独一无二的作品。在这一过程中，孩子们带着与生俱来的好奇心和求知欲，驱使自身去探索世界、改造世界，以玩为基础，从玩乐中学习。图形化编程不仅锻炼了孩子们的思维模式和逻辑分析能力，还能增强孩子们的空间想象能力，培养他们解决问题的能力。

  学习少儿编程并不旨在让每个孩子将来都要进入IT行业，成为工程师，更多的是培养孩子们的思维能力和编程基础，让他们能更全面地进入人工智能时代。比尔·盖茨说："学习编程可以锻炼你的思维，让你更好地思考，创建一种在各个领域都很有用的思维方式。"一套有条理的思维模式，无论是在学习中，还是在生活中，都能引导孩子更加高效地解决问题。基于这种目标，密码岛根据校园的课程特色及教学模式，研发推出一套将玩乐和教学结合为一体的编程启蒙系列教材《一起"趣"编程》。

  密码岛《一起"趣"编程》以其精美的插画、妙趣横生的故事、详细的步骤分析和多样的案例展示，为孩子们提供更加清晰的学习思路和更加宽阔的学习视野，让孩子们尽情畅游在编程的世界，领略编程的无限魅力。

（沈鸿，中山大学计算机学院教授、博士生导师。曾任澳大利亚阿德莱德大学计算机科学首席教授，工学部网络与并行分布式系统研究中心主任，多个国际学术刊物编辑、副编辑；国家人才计划、科技部、教育部和基金委项目评审员。）

前　言

图形化编程就像搭积木一样，将各个独立的、零散的模块堆积起来，实现了编程过程可视化、游戏化的效果，非常适合低龄学生编程启蒙学习。随着《新一代人工智能发展规划》的实施，编程教育的地位开始突显，图形化编程将计算机编程文化推向大众面前，使得小学低年级的学生也有机会接触编程教育，大大促进了青少年发展编程思维，提升未来竞争力。

这是一套适合小学各年级的、寓教于乐的图形化编程系列教材，同时也是小学编程社团课的参考书，本书配套密码营地自主研发的Miland编辑器，相比于Scratch编程软件，Miland编辑器拥有更强大的功能，包括更具成就感的分享机制、丰富有趣的素材包等。

本教材共设计了4个阶段，从L1至L4，一个阶段对应学校一个学期，每个学期共15次课，每次课含1个学习主题，每个学习主题有1～2个知识点，如学习主题"降临密码岛"涉及的知识点是"定位"。为了吸引学生的注意以及让老师能够更好地教学，本教材创设了一个故事游戏情境。故事概要是来自神秘蓝色星球的咪玛降落在一座富饶的小岛上，这座岛叫密码岛。随后，咪玛拜访了岛上的居民，并参与了岛上的一系列活动，如"欢迎晚会""跨越火山带""勇夺智能屏"等。教师可以围绕"情境→主题→学习任务→动手实践→成果展示→评价"的任务主线开展教学活动，帮助学生掌握图形化编程的基础知识、方法与技能，提高他们的动手实践与创新能力，从小养成编程思维。

本教材每次课均提供了二维码，教师或家长可以用手机、平板电脑等设备扫码获取本课作品动态效果，通过预览效果鼓励学生积极主动完成学习任务，同时引导学生添加个性化效果，让自己的作品更有特色。每次课最后还设置了课后习题，帮助学生巩固知识、强化技能。此外，本教材插画精美、布局合理，符合低龄孩子的阅读习惯；各个学习主题故事性强、情节生动有趣，通过故事情境导入，能够激起孩子们的动手实践欲望，从而提高教学成效。

(本书所用代码素材来源于密码岛自研编辑平台，印刷效果与电子屏幕显示效果有一定差异，请勿视为印刷不清晰，请以实际电子荧屏效果为准。)

目　录

▶ 欢迎来到密码岛

第 1 课 健康守护者1

　　咪玛和岛民朋友们今天在公园里到处玩耍，回家之后又大餐一顿，十分满足。可是还没过多久，咪玛就开始觉得肚子不舒服，于是立马去了医院。医生告诉咪玛，那是因为咪玛在玩耍过后没有把手洗干净就吃饭，把病菌都吃进肚子里了。肠道里的病菌越来越多，让原本进行抵抗的有益菌失去了抵抗能力，所以咪玛才会觉得肚子不舒服。

 是什么引起我肠道不适呢？让我们一起来看看医生的解释吧！

 微信扫描二维码，预览本课作品的动态效果吧！

学习任务 //////////

想要实现本节课的项目，小岛主们需要掌握以下知识：
1. 回顾使用克隆积木对角色进行复制的方法；
2. 回顾使用随机数积木控制角色在范围内移动的方法。

背景环境为肠道内部

病菌通过克隆方式，
出现在舞台顶部

病菌从舞台顶部不
断落下，接触到底
部肠道，进入到人体

使用方向键"←"和"→"
控制免疫小战士移动

解密
玩法

小岛主，一起来尝试对
项目步骤进行分析拆解吧！

1 病菌进入到人体中

2 病菌进入到肠道中

3 免疫小战士移动观察肠道情况

动手实践

登录编程平台，开启你的创作之旅吧！

病菌

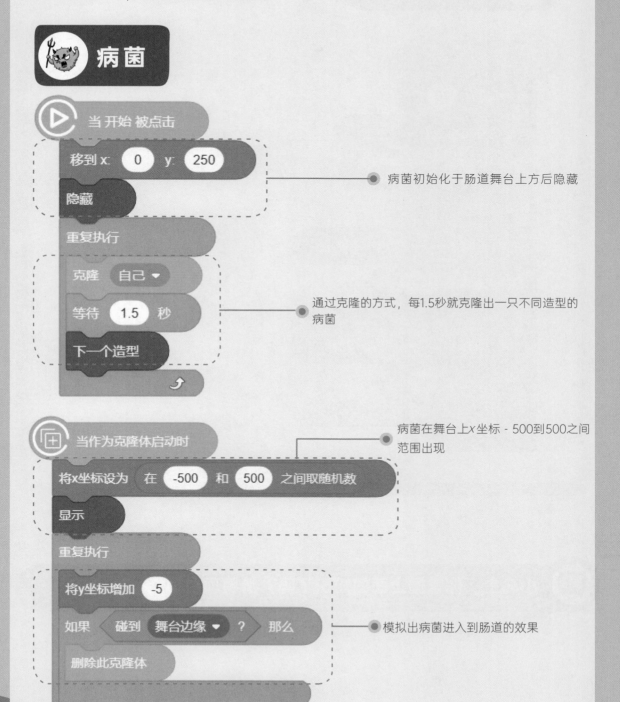

当 开始 被点击
- 移到 x: 0 y: 250
- 隐藏
- 重复执行
  - 克隆 自己 ▾
  - 等待 1.5 秒
  - 下一个造型

病菌初始化于肠道舞台上方后隐藏

通过克隆的方式，每1.5秒就克隆出一只不同造型的病菌

当作为克隆体启动时
- 将x坐标设为 在 -500 和 500 之间取随机数
- 显示
- 重复执行
  - 将y坐标增加 -5
  - 如果 碰到 舞台边缘 ▾ ? 那么
    - 删除此克隆体

病菌在舞台上x坐标 - 500到500之间范围出现

模拟出病菌进入到肠道的效果

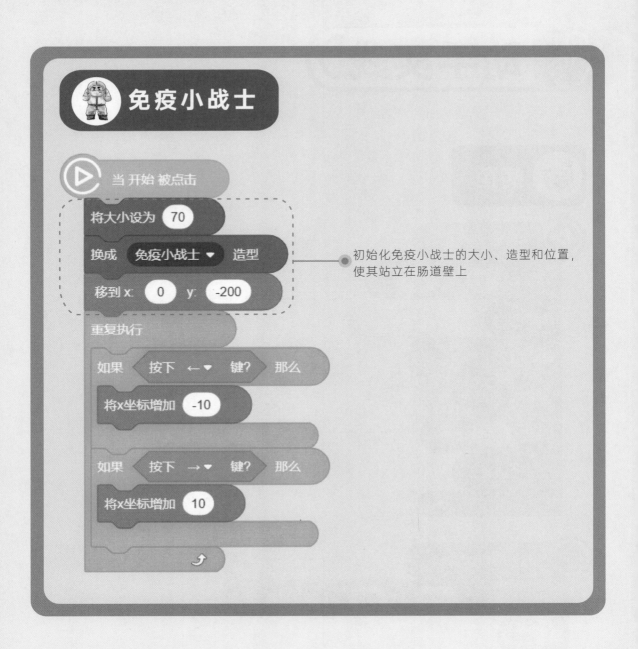

免疫小战士

当 开始 被点击

将大小设为 70

换成 免疫小战士 ▼ 造型

移到 x: 0 y: -200

初始化免疫小战士的大小、造型和位置，使其站立在肠道壁上

重复执行

如果 按下 ←▼ 键? 那么

将x坐标增加 -10

如果 按下 →▼ 键? 那么

将x坐标增加 10

小岛主，你掌握上面的知识了吗？请将项目功能补充完整。

知识脑图

让我们一起来梳理，看看小岛主的知识技能提升了多少。

2 控制角色定位在区间范围内

将x坐标设为 在 -500 和 500 之间取随机数

1 角色的克隆及删除克隆体

删除此克隆体

克隆 自己▼

3 用按键控制角色移动

如果 按下 →▼ 键？ 那么

将x坐标增加 10

健康守护者1

1. **下列哪个脚本能让初始化在原点的角色移动到舞台上方（　　）**

A. 将y坐标增加 在 -300 和 0 之间取随机数

B. 将y坐标设为 在 -300 和 0 之间取随机数

C. 将y坐标设为 在 0 和 300 之间取随机数

D. 将x坐标设为 在 0 和 300 之间取随机数

2. **判断题，正确的打"√"，错误的打"×"：**

　　在Scratch平台中，当用户在不断克隆角色时，为了能保证项目正常运行，需要及时删除不必要的克隆体。（　　）

3. 编程实操：进入密码岛编程平台，登录账号完成课后训练。

准备工作：

背景：

果棚下

角色：

红果子

实现功能：

1.红果子初始化在果棚顶部并隐藏；

2.使用克隆的方式，实现果棚顶部各处每隔1秒有新的成熟红果子出现；

3.红果子出现后从顶部纷纷掉落，掉落到草地上碰到舞台边缘后消失。

第 2 课 健康守护者2

听完医生的话，咪玛哭丧着脸发誓下次一定会把手洗得干干净净再吃饭。不过这些都是后话了，接着医生给咪玛开了治疗肠胃、提高免疫力的药，这些药在肠道里会变成免疫小战士，帮助咪玛消灭掉有害的病菌，让咪玛渐渐恢复身体。

让我们协助肠道中的免疫小战士，将肠道中的病菌消灭干净吧！

微信扫描二维码，预览本课作品动态的效果吧！

11

学习任务 /////////

想要实现本节课的项目，小岛主们需要掌握以下知识：
1.回顾多重嵌套结构；
2.回顾等待与不成立积木的使用及触发条件。

病菌被免疫小战士攻击后会被击飞，
直至碰到舞台边缘然后被消除

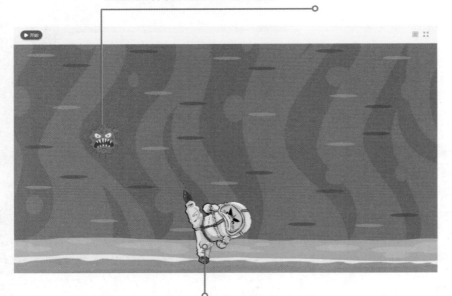

解密
玩法

按下空格键后，免疫小战士会切换随机造型对病菌进行攻击
松开空格键后，免疫小战士会变回初始造型

小岛主，一起来尝试对
项目步骤进行分析拆解吧！

1 免疫小战士攻击病菌

2 病菌被攻击后消灭

动手实践

同学们还记得上节课我们实现了什么功能吗？
现在让我们一起来登录编程平台，将项目补充完整吧！

免疫小战士

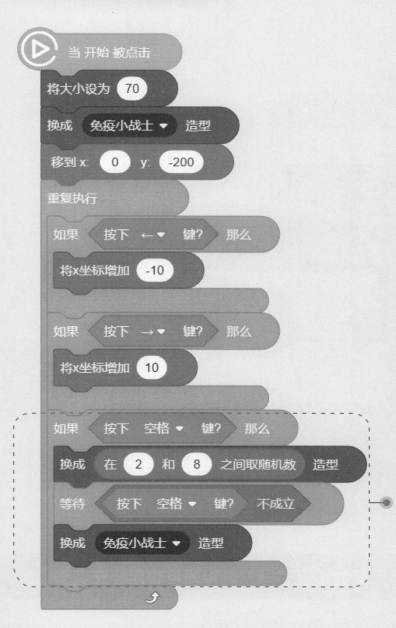

当 开始 被点击

将大小设为 70

换成 免疫小战士 ▼ 造型

移到 x: 0 y: -200

重复执行

如果 按下 ← ▼ 键? 那么

将x坐标增加 -10

如果 按下 → ▼ 键? 那么

将x坐标增加 10

如果 按下 空格 ▼ 键? 那么

换成 在 2 和 8 之间取随机数 造型

等待 按下 空格 ▼ 键? 不成立

换成 免疫小战士 ▼ 造型

按下空格键后，免疫小战士会切换随机一个攻击造型对病菌进行攻击，松开空格键后免疫小战士会变回初始造型

 病菌

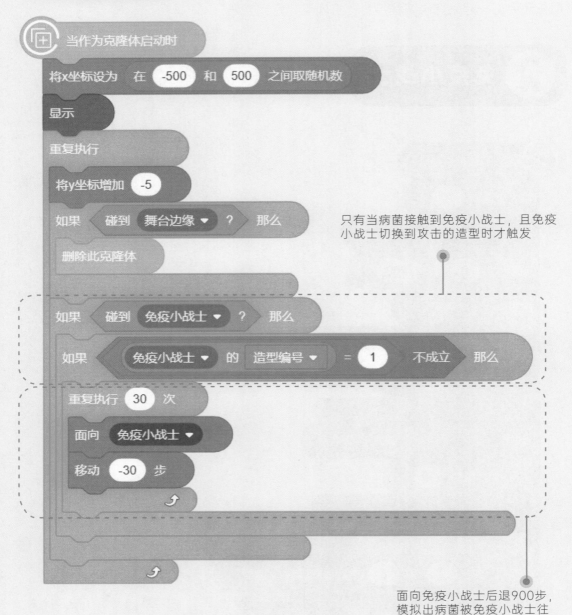

当作为克隆体启动时

将x坐标设为 在 -500 和 500 之间取随机数

显示

重复执行

　　将y坐标增加 -5

　　如果 碰到 舞台边缘 ▼ ? 那么

　　　　删除此克隆体

只有当病菌接触到免疫小战士，且免疫小战士切换到攻击的造型时才触发

　　如果 碰到 免疫小战士 ▼ ? 那么

　　　　如果 免疫小战士 ▼ 的 造型编号 ▼ = 1 不成立 那么

　　　　　　重复执行 30 次

　　　　　　　　面向 免疫小战士 ▼

　　　　　　　　移动 -30 步

面向免疫小战士后退900步，模拟出病菌被免疫小战士往不同方向击飞的效果

小岛主，你掌握上面的知识了吗？请将项目功能补充完整。

知识脑图

让我们一起来梳理，看看小岛主的知识技能提升了多少。

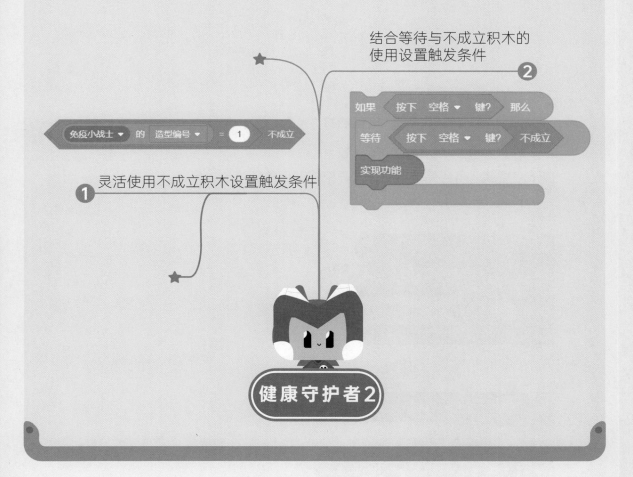

结合等待与不成立积木的
使用设置触发条件

2

免疫小战士 的 造型编号 = 1 不成立

如果 按下 空格 键? 那么

等待 按下 空格 键? 不成立

实现功能

1 灵活使用不成立积木设置触发条件

健康守护者2

1. 当免疫小战士的造型编号切换到哪个时不满足积木

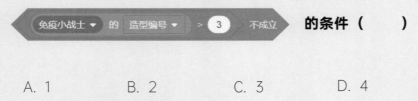

的条件（　　　）

A. 1　　　　　　　B. 2　　　　　　　C. 3　　　　　　　D. 4

2. 判断题，正确的打"√"，错误的打"×"：

以下两个积木模块实现的功能一致：

按下空格键后角色保持不动，松开空格键后角色移动10步。（　　　）

3. 编程实操：进入密码岛编程平台，登录账号完成课后训练。

准备工作：

背景：

山谷 - 白天

山谷 - 黑夜

角色：

先知
造型1：先知 - 正面 - 挥魔杖

先知
造型2：先知 - 侧面 - 举火把

实现功能：

1.设置背景：山谷 - 白天的背景编号为1，山谷 - 黑夜的背景编号为2；

2.点击"开始"后，背景初始化为白天，每当按下空格键后再松开，背景会切
 换成下一个背景；

3.当背景的编号等于1时，先知切换为正面 - 挥魔杖造型；当背景的编号不等
 于1时，先知切换为侧面 - 举火把造型。

第3课 登上小舟1

今天，岛民们准备带码修参观著名景点——水晶湖。当他们到达后，发现原来水晶湖的源头是一个气势磅礴的瀑布，他们都被深深地震撼住了。此时，湖中慢慢划来了几艘小舟，原来是在泛舟的岛民们，他们纷纷邀请码修一起去湖中泛舟。岛民们解释道：由于岸边有很多石头，小舟无法靠近，他们可以借助水中的3块石头登上小舟。此时码修开始注意起了水中的石头，他发现由于不断有水落下，石头时不时会被水花淹没，似乎存在着某种规律。

 你能还原出上述美丽的场景并找出石头浮现的规律吗？

 微信扫描二维码，预览本课作品的动态效果吧！

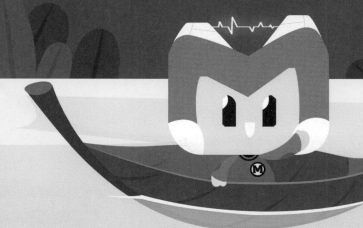

19

想要实现本节课的项目，小岛主们需要掌握以下知识：

1. 回顾动画原理的知识点；
2. 回顾克隆相关积木的使用；
3. 回顾随机数相关积木的使用。

码修初始在岩石上方，并面向舞台右方

按下"←"或"→"分别控制码修向左或向右移动200步

根据动画原理控制瀑布的造型切换，模拟瀑布不断流动的效果

灵伊控制小舟停在舞台右方并保持在最前方图层

解密玩法

在河道中距离码修每200步克隆复制一块石头

石头不断切换造型模拟被水漫过的效果，并在漫过后隐藏1~3秒再显示

小岛主，一起来尝试对项目步骤进行分析拆解吧！

1 瀑布奔流直下

2 河道中3块石头时隐时现

3 码修预测渡河时每次跳跃的距离

动手实践

登录编程平台，开启你的创作之旅吧！

循环切换下一个背景，实现瀑布奔流直下的效果

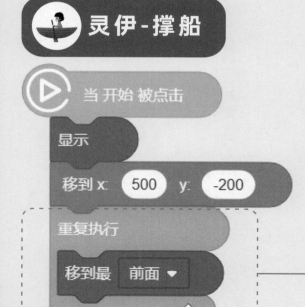

控制灵伊保持在所有角色的最前面

 水漫石头

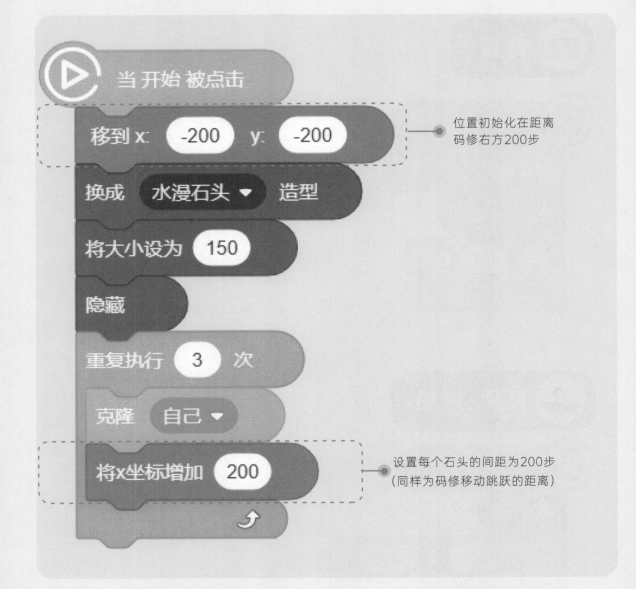

当 开始 被点击

移到 x: -200 y: -200 ··· 位置初始化在距离
　　　　　　　　　　　　　码修右方200步

换成 水漫石头 ▼ 造型

将大小设为 150

隐藏

重复执行 3 次

克隆 自己 ▼

将x坐标增加 200 ··· 设置每个石头的间距为200步
　　　　　　　　　　　　（同样为码修移动跳跃的距离）

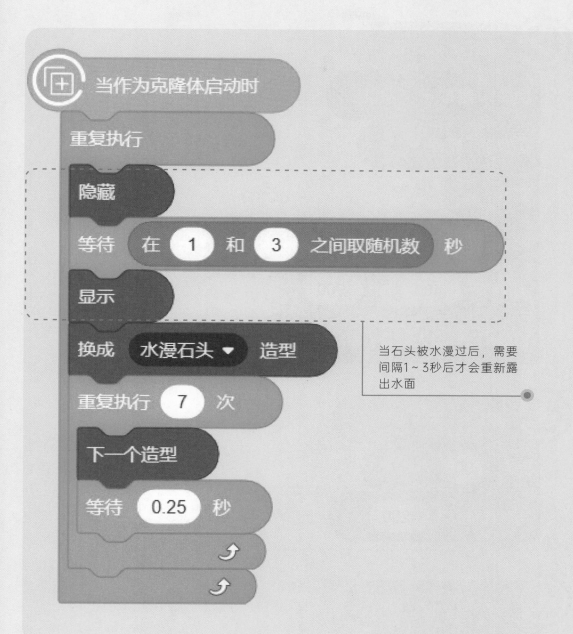

当作为克隆体启动时

重复执行
    隐藏
    等待 在 1 和 3 之间取随机数 秒
    显示
    换成 水漫石头 ▼ 造型
    重复执行 7 次
        下一个造型
        等待 0.25 秒

当石头被水漫过后,需要间隔1~3秒后才会重新露出水面

码修 - 侧面 - 走路

当 开始 被点击

换成 瀑布 ▼ 背景

移到最 前面 ▼ ············ 确保码修的图层比石头靠前，
模拟出站在石头上方的效果

显示

面向 -90 方向

移到 x: -400 y: -200 ············ 调整码修面向的方向及旋转方式，
使其能合理左转、右转

将旋转方式设为 左右翻转 ▼

当按下 ← ▼ 键

面向 90 方向

将x坐标增加 -200 ············ 每次移动跳跃的间隔距离为200，
与克隆石头时的间距一致

当按下 → ▼ 键

面向 -90 方向

将x坐标增加 200 ············ 每次移动跳跃的间隔距离为200，
与克隆石头时的间距一致

🧠 知识脑图

让我们一起来梳理，看看小岛主的知识技能提升了多少。

面向 -90 方向

将旋转方式设为 左右翻转 ▼

保持角色始终在第一个图层 ②

重复执行

移到最 前面 ▼

① 通过面向方向及旋转方式对积木进行合理设置，控制角色的行为变化

登上小舟1

1. 角色添加进舞台时默认的方向是（ ）

A. 0°   B. 90°   C. -90°   D. 180°

2. 判断题，正确的打"√"，错误的打"×"：

按如图所示搭建脚本，能清楚看见背景瀑布切换形态，模拟出奔流直下的效果。（ ）

3. 编程实操：进入密码岛编程平台，登录账号完成课后训练。

准备工作：

背景：

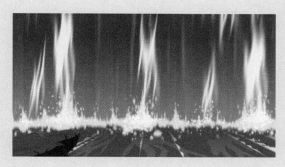

瀑布

小舟渔歌

角色：

灵伊 - 撑船

实现功能：

1.设置背景：瀑布的背景编号按顺序从1排到8，"小舟渔歌"背景的编号为9；

2.点击"开始"后，初始背景为"小舟渔歌"，等待2秒后切换成瀑布背景，并
　动态流动；

3.换为瀑布背景后，灵伊出现在舞台右下方，在2秒内撑船接近岩石边。

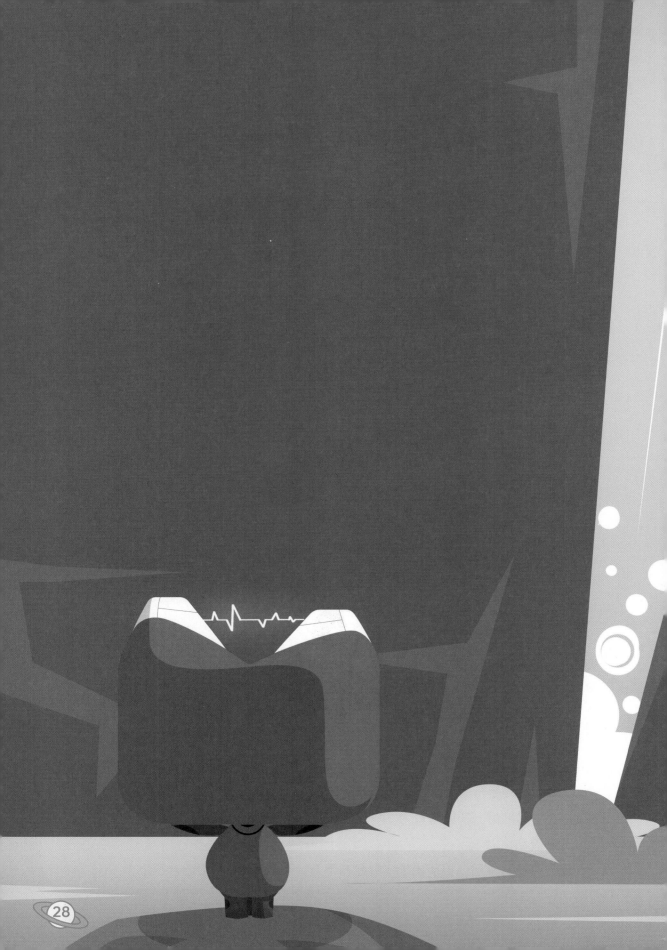

第4课 登上小舟2

经过观察，码修等人发现石头被水花漫过后3秒内就会重新出现，但是具体时间却很难把握。此时船上的岛民们对码修等人解释道：水晶湖是一个神奇的魔法湖泊，任何意外落水的生物都会被魔法保护，被传送回岸边，所以码修等人可以放心尝试。就这样，码修等人开始尝试越过石阶，登上小舟，向着水晶湖中心划去！

 赶紧跟上我的脚步，一起登上小舟，向美丽的湖中心出发吧！

微信扫描二维码，预览本课作品的动态效果吧！

学习任务 /////////

想要实现本节课的项目，小岛主们需要掌握以下知识：

1.回顾图层的相关知识点；

2.回顾条件判断的相关积木。

码修在跨越过程中，如果没有踏上石头而落水，会被传送回起点

码修登上小舟后，发送广播"成功登船"并隐藏

接收到广播"成功登船"后，
切换成背景"小舟渔歌"

接收到广播"成功登船"后，
灵伊隐藏

接收到广播"成功登船"后，石头隐藏

解密玩法

小岛主，一起来尝试对
项目步骤进行分析拆解吧！

1 码修尝试通过石头跳跃到船上

2 码修落水后被传送回起点

3 成功登船后向湖中心出发

动手实践

同学们还记得上节课我们实现了什么功能吗？
现在让我们一起来登录编程平台，将项目补充完整吧！

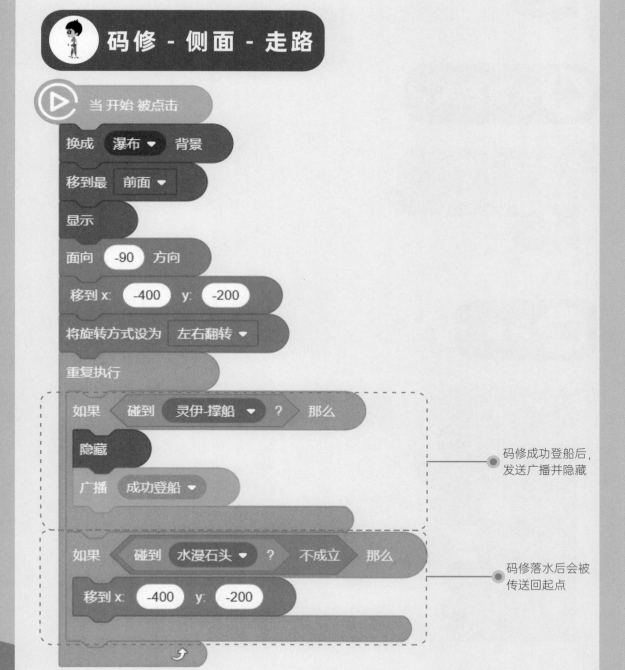

码修 - 侧面 - 走路

当 开始 被点击

换成 瀑布 ▼ 背景

移到最 前面 ▼

显示

面向 -90 方向

移到 x: -400 y: -200

将旋转方式设为 左右翻转 ▼

重复执行

　如果 碰到 灵伊-撑船 ▼ ？ 那么

　　隐藏

　　广播 成功登船 ▼

　如果 碰到 水漫石头 ▼ ？ 不成立 那么

　　移到 x: -400 y: -200

码修成功登船后，
发送广播并隐藏

码修落水后会被
传送回起点

31

 灵伊 - 撑船

当接收到 成功登船 ▼

隐藏

接收到广播"成功登船"后灵伊隐藏

 水漫石头

当接收到 成功登船 ▼

停止 该角色的其他脚本 ▼

隐藏

接收到广播"成功登船"后,停止展示石头被水漫过的效果, 再隐藏

 背景

当 开始 被点击

重复执行

换成 瀑布 ▼ 背景

重复执行 7 次

下一个背景

等待 0.1 秒

设置循环中的初始背景,控制只切换有关瀑布的背景

接收到广播"成功登船"后，先停止瀑布
的流动效果，然后切换背景"小舟渔歌"

小岛主，你掌握上面的知识了吗？请将项目功能补充完整。

知识脑图

让我们一起来梳理，看看小岛主的知识技能提升了多少。

在最后背景显示时，为了更真实、美观，可将角色的其他脚本停止并隐藏角色

33

1. 以下哪块积木可以只停止当前角色该脚本的运行（   ）

A. 停止 全部脚本 ▼

B. 停止 这个脚本 ▼

C. 停止 该角色的其他脚本 ▼

2. 关于以下脚本，说法正确的是（   ）

当 开始 被点击
重复执行
  等待 1 秒
  将大小增加 1

当按下 空格 ▼ 键
停止 该角色的其他脚本 ▼
重复执行
  移动 10 步
  碰到边缘就反弹

A.当"开始"被点击后，角色不断移动

B.当"开始"被点击后，按下空格键，角色一边变大一边移动

C.当"开始"被点击后，按下空格键，角色不断变大

D.当"开始"被点击后，按下空格键，角色停止变大且不断移动

3. 编程实操：进入密码岛编程平台，登录账号完成课后训练。

准备工作：

背景：

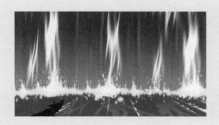

瀑布（组图共8张）

小舟渔歌

角色：

码修 - 侧面 - 走路

灵伊 - 撑船

实现功能：

1.设置背景：瀑布的背景编号按顺序从1排到8，"小舟渔歌"背景的编号为9；

2.点击"开始"后，背景中瀑布不断流动；

3.码修在岩石上等待，灵伊从舞台左下方撑船到岩石旁接码修上船；

4.当灵伊接到码修后，切换背景为"小舟渔歌"并隐藏所有角色。

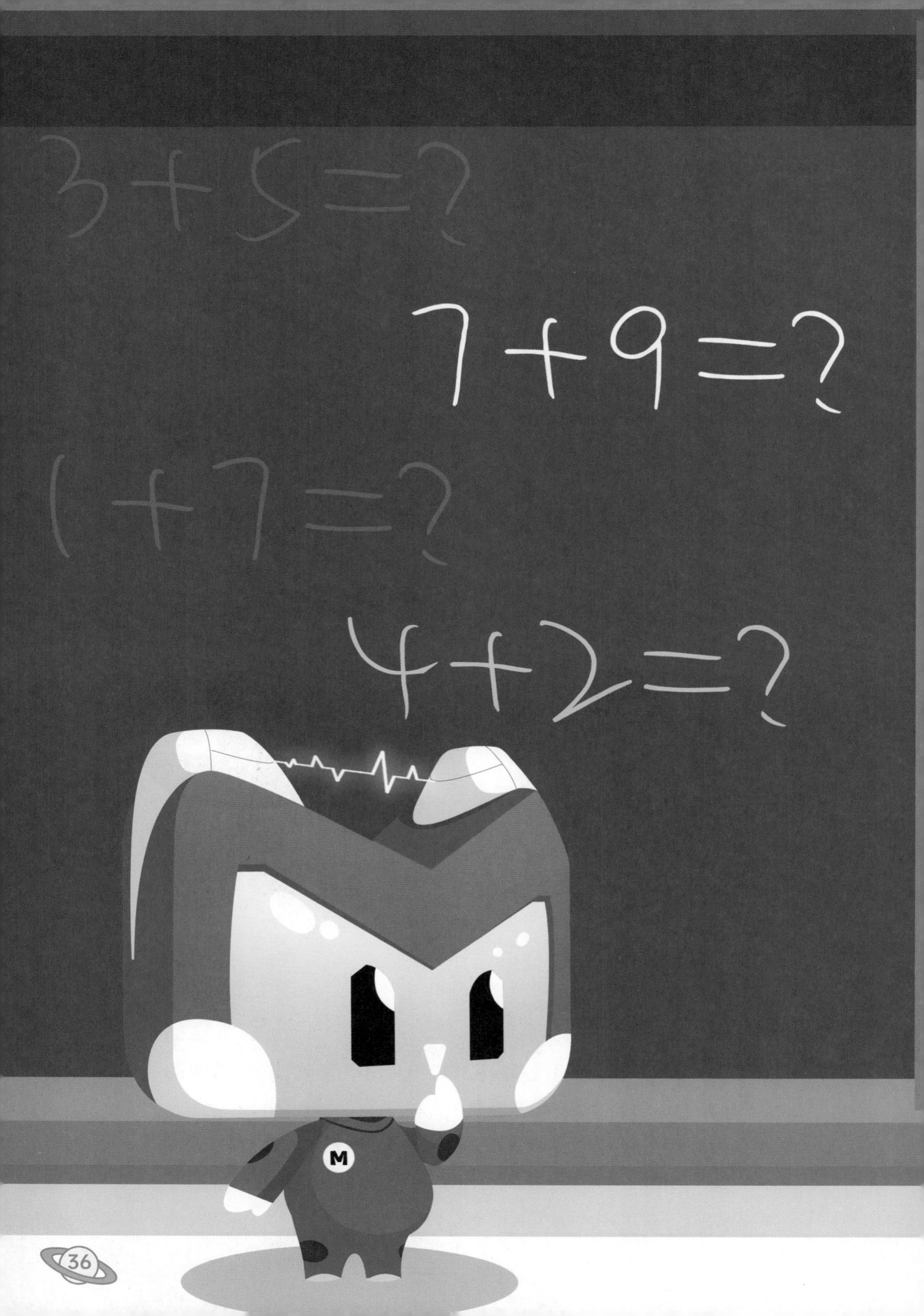
3+5=?
7+9=?
1+7=?
4+2=?
M

第5课 运算小能手1

马上就要上数学课了，数学老师已经早早做好准备站在了教室里。今天的课程内容是加减法的运算小测试，学生们可以选择做加法或者减法运算。选择好之后，老师就会在黑板上随便写好两个数。此外，同学们还可以选择继续回答下一题。

 让我们一起来看看数学老师给我们准备了怎样的测试题吧！

 微信扫描二维码，预览本课作品的动态效果吧！

学习任务 ///////

想要实现本节课的项目，小岛主们需要掌握以下知识：

1.回顾平台中内置变量的使用；

2.回顾触发角色的积木使用。

每次点击按钮"Next"，该数字切换为1~9中的随机造型

点击按钮，题目中两个运算数字快速切换造型

按下键盘的数字按键"0"，角色造型切换为加号
按下键盘的数字按键"1"，角色造型切换为减号

解密玩法

小岛主，一起来尝试对项目步骤进行分析拆解吧！

1 选择做加法或者减法运算

2 老师在黑板上随机出题

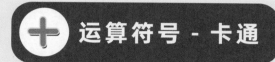

动手实践

登录编程平台，开启你的创作之旅吧！

➕ 运算符号 - 卡通

▶ 当 开始 被点击

移到 x: -300 y: 100

换成 运算符号-卡通 ▼ 造型

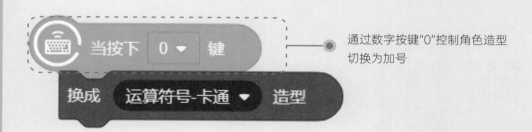

当按下 0 ▼ 键

换成 运算符号-卡通 ▼ 造型

通过数字按键"0"控制角色造型
切换为加号

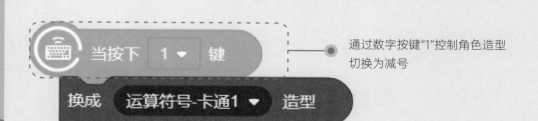

当按下 1 ▼ 键

换成 运算符号-卡通1 ▼ 造型

通过数字按键"1"控制角色造型
切换为减号

按钮 - Next

当 开始 被点击

移到 x: 500 y: 180

将大小设为 60

显示

当角色被点击

广播 出题 ▼

点击角色后，发送广播消息，使两个
运算数字快速切换成1~9中的随机数

① 数字 - 轮廓 - 蓝色

当 开始 被点击

移到 x: -500 y: 100

当接收到 出题 ▼

重复执行 20 次

下一个造型

↻

换成 在 1 和 9 之间取随机数 造型

将 数字1 ▼ 设为 造型 编号 ▼

切换成1~9中的随机造型，
并将造型的编号存储在变
量"数字1"中

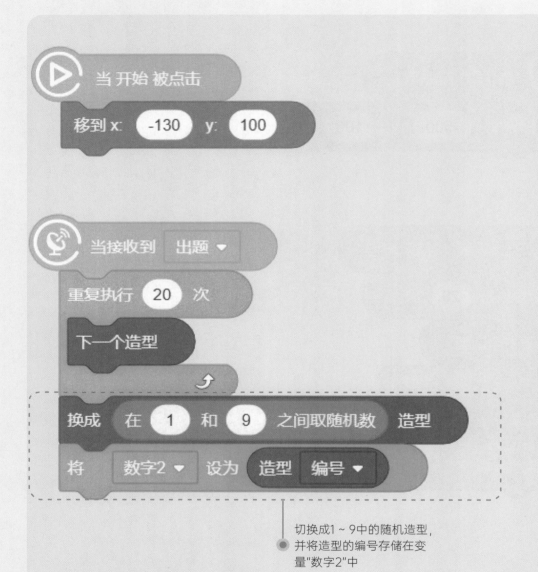

当 开始 被点击

移到 x: -130 y: 100

当接收到 出题 ▼

重复执行 20 次

下一个造型

↻

换成 在 1 和 9 之间取随机数 造型

将 数字2 ▼ 设为 造型 编号 ▼

切换成1～9中的随机造型，
并将造型的编号存储在变
量"数字2"中

小岛主，你掌握上面的知识了吗？请将项目功能补充完整。

知识脑图

让我们一起来梳理，看看小岛主的知识技能提升了多少。

切换成随机造型　　　　　　　　储存记录角色当前的造型编号

运算小能手1

43

1. 脚本执行完后，变量"数值"的数值为（　　　）

     A.10   B. 11   C. 0   D. 1

2. 判断题，正确的打"√"，错误的打"×":

    变量创建后就不可以再修改变量名。（　　　）

3. 编程实操：进入密码岛编程平台，登录账号完成课后训练。

准备工作：

背景：

教师讲解

角色：

数字 - 轮廓 - 蓝色（组图）　　　　　　　运算符号 - 卡通（乘号造型）

数字 - 像素风 - 绿色（组图）　　　　　　　按钮 - Next

实现功能：

1.参考本课内容，合理设计游戏界面；

2.点击"开始"后，将两个数字角色换成随机造型；

3.点击按钮"Next"，两个数字角色切换30次造型后换成随机数值；

4.新建变量"数据1""数据2 "，分别将两个数字角色的数值储存到其中。

第 6 课　运算小能手2

　　"叮铃铃……叮铃铃……"开始上课啦，这也意味着数学小测试正式开始了。同学们都排排坐，准备好抢答老师出的题目。"6+2等于多少？""8"。在同学们回答之后，老师会计算出正确答案，然后再告诉同学们回答是否正确。

 一起加入数学小测试，计算出正确的答案吧！

 微信扫描二维码，预览本课作品的动态效果吧！

学习任务 //////////

想要实现本节课的项目，小岛主们需要掌握以下知识：

1.重温交互设计相关知识点；

2.回顾询问积木与回答积木的组合使用；

3.回顾四则运算的相关积木。

接收到"出题"广播之后，弹出问答框，
询问"等于多少？"，等待用户输入答案

如果回答正确，则提示"恭喜你回答正确"；
如果回答错误，则提示"你回答错了"

解密
玩法

小岛主，一起来尝试对
项目步骤进行分析拆解吧！

1 老师询问题目答案

2 学生算出答案

3 老师揭示正确答案

动手实践

同学们还记得上节课我们实现了什么功能吗？
现在让我们一起来登录编程平台，将项目补充完整吧！

背景

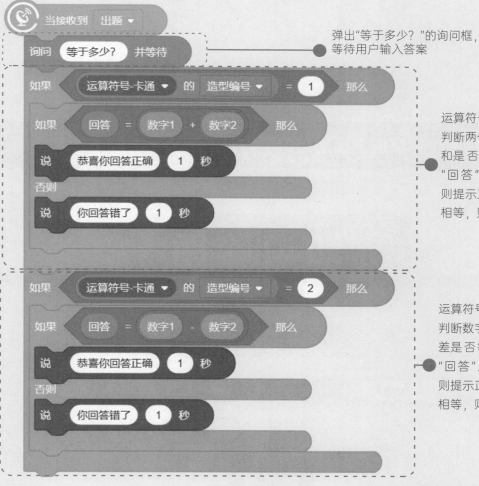

弹出"等于多少？"的询问框，等待用户输入答案

运算符号为加号：判断两个数字相加的和是否等于用户的"回答"。如果相等，则提示正确；如果不相等，则提示错误

运算符号为减号：判断数字1减数字2的差是否等于用户的"回答"。如果相等，则提示正确；如果不相等，则提示错误

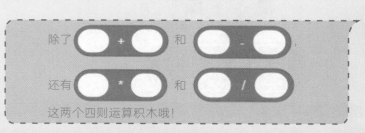

除了 ⬭ + ⬭ 和 ⬭ - ⬭
还有 ⬭ * ⬭ 和 ⬭ / ⬭
这两个四则运算积木哦！

还记得人机交互吗？你还能说出哪些生活中常见的交互方式呢？

小岛主，你掌握上面的知识了吗？请将项目功能补充完整。

🧠 知识脑图

让我们一起来梳理，看看小岛主的知识技能提升了多少。

课后习题

1. 下列哪个积木的运算结果为6 （　　）

A. 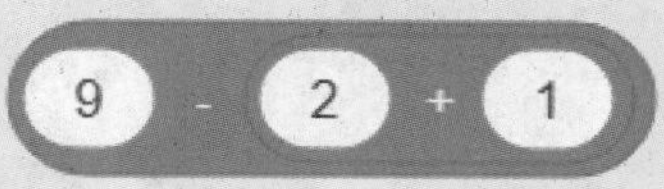
9
-
2
+
1

B. 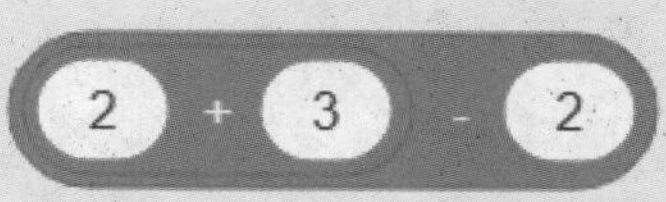
2
+
3
-
2

C. 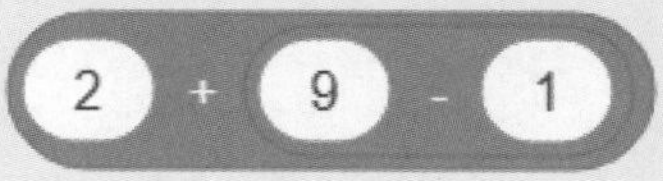
2
+
9
-
1

D. 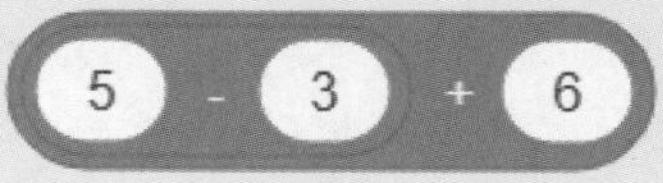
5
-
3
+
6

2. 判断题，正确的打"√"，错误的打"×"：

以下两个积木搭配使用可以实现人机交互。（　　）

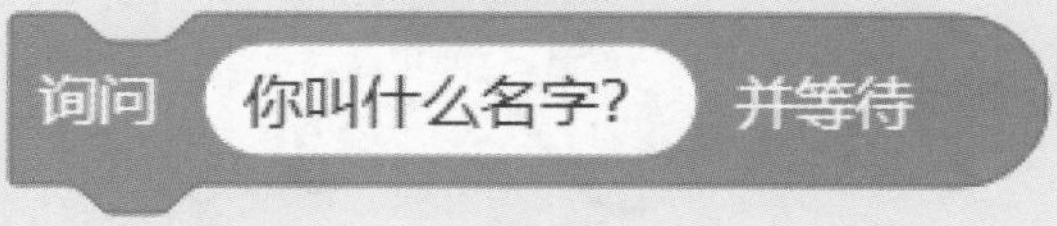
询问
你叫什么名字?
并等待

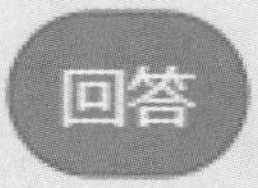
回答

3. 编程实操： 进入密码岛编程平台，登录账号完成课后训练。

准备工作：

背景：

教师讲解

角色：

数字 - 轮廓 - 蓝色（组图）   运算符号 - 卡通（乘号造型）

数字 - 像素风 - 绿色（组图）

按钮 - Next

实现功能：

1.打开上节课项目；

2.点击按钮"Next"之后，广播"开始回答"；

3.背景接收到之后，发出询问框询问"等于多少？"并等待回答；

4.接着判断运算符号的造型，利用乘法运算积木计算出结果；

将结果对比用户的"回答"，一致则提示正确，不一致则提示错误。

第**7**课 窗花绘制

——图章

　　咪玛参加了密码岛小学里的画画活动，他准备画一个对称的圆形窗花剪纸，剪纸可以通过折叠纸张剪出一样的图形，而画出来的却每个都不一样。码修见状，便让咪玛使用图章，将图章沾上颜料，再将图章底部放置在圆心上，就可以在纸上印出与图章一样的图形了。而且还可以选择不同颜色的颜料，让每一个图形的颜色都不一样，使整个窗花更加好看。

 我需要绘制一个对称的圆形窗花，请使用图章帮我绘制吧！

 微信扫描二维码，预览本课作品的动态效果吧！

学习任务 //////////

想要实现本节课的项目，小岛主们需要掌握以下知识：

1.了解画笔类型中图章积木的使用；

2.加强图章积木和改变特效积木的综合使用。

开始绘制之前先擦除所有痕迹

此窗花形状由单个图案旋转10次所得，每次旋转都会增加颜色特效并盖一次图章

解密玩法

小岛主，一起来尝试对项目步骤进行分析拆解吧！

1 准备一个图章

2 对准圆心印在纸上

3 以旋转形式印出圆形窗花

4 每次盖章前给图章沾上不同颜料

动手实践

登录编程平台，开启你的创作之旅吧!

 **窗花图形**

当 开始 被点击
显示
将大小设为 100
移到 x: 0 y: 0
面向 90 方向
全部擦除

初始化图形的状态、大小、位置和方向，并将舞台上的笔迹都擦除

当按下 空格 ▼ 键
全部擦除
重复执行 10 次
  将 颜色 ▼ 特效增加 10
  图章
  右转 ↻ 36 度
隐藏
下一个造型

使用图章将窗花图案印在舞台上，接着绕图案底部（圆心）旋转36度后接着印章，直到形成完整的圆形图案，每印一个图颜色增加10

如果选择其他图案，需要适当调整旋转度数和次数哦!

 画笔模块

图章

● 使用该积木在原位置留下一个与角色一模一样的图案
● 角色隐藏亦可使用该积木印出图案

与克隆不同，克隆得出的是一个可以运动的角色，使用 删除此克隆体

可以删除；而由图章得出的只是一个图案，使用 全部擦除 可以擦除。

图 章

图章也称为印章，就是将图案、文字刻在玉、石、木等载体上，将印章沾上颜料即可使用。

小岛主，你掌握上面的知识了吗？请将项目功能补充完整。

知识脑图

让我们一起来梳理，看看小岛主的知识技能提升了多少。

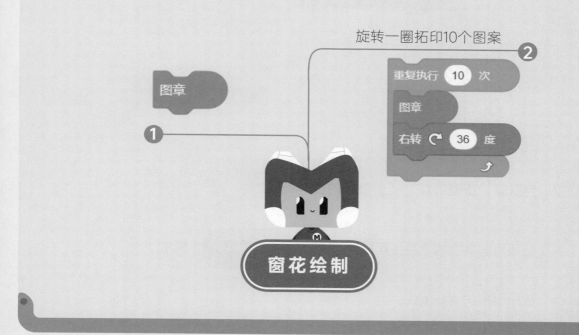

旋转一圈拓印10个图案 ②

图章

重复执行 10 次

图章

右转 ↻ 36 度

①

窗花绘制

课后习题

1. 下图脚本运行之后，舞台上存在几个可以运动的角色（　　　）

当 开始 被点击
重复执行 5 次
    图章
    移动 100 步

A.5　　　　　　　B.6　　　　　　　C.0　　　　　　　D.1

2. 判断题，正确的打"√"，错误的打"×"：

在使用图章功能之后，可以使用 删除此克隆体 积木

让印出来的图案消失。（　　　）

3. 编程实操：进入密码岛编程平台，登录账号完成课后训练。

准备工作：

背景：

风景图 - 黑夜

角色：

星星

实现功能：

1.点击"开始"后清除舞台上的笔迹；

2.使用颜色特效改变图章的颜色；

3.使用图章功能在夜空中印出许多星星；

4.星星只能在空中出现，不能在地上出现。

第 **8** 课 弹力绳1

——弹力

　　密码杂技团有一场盛大的表演马上就要在树林里进行，工作人员们正在为弹力绳躲避节目做准备。他们在高台木板与树干之间连接弹力绳，接着表演人员会站在弹力绳上做测试。表演人员站上弹力绳，沿着弹力绳借助弹力绳的力量不断左右跳跃。

 杂技表演马上就要开始了，快来一起测试一下弹力绳的弹力吧！

 微信扫描二维码，预览本课作品的动态效果吧！

使用画笔功能画出弹力绳

当咪玛掉到弹力绳上时，弹力绳跟着弯曲，在咪玛处凹陷

解密玩法

按下方向键"←""→"分别控制咪玛左右移动

使用侦测功能判断咪玛是否碰到弹力绳：
碰到时，受弹力影响，先减速再弹高；
没碰到时，受弹力影响，增高到一定高度时，受重力影响下落

小岛主，一起来尝试对项目步骤进行分析拆解吧！

1 连接弹力绳

2 表演人员在绳上跳跃测试

3 表演人员在绳上左右移动测试

登录编程平台，开启你的创作之旅吧！

一　弹力绳

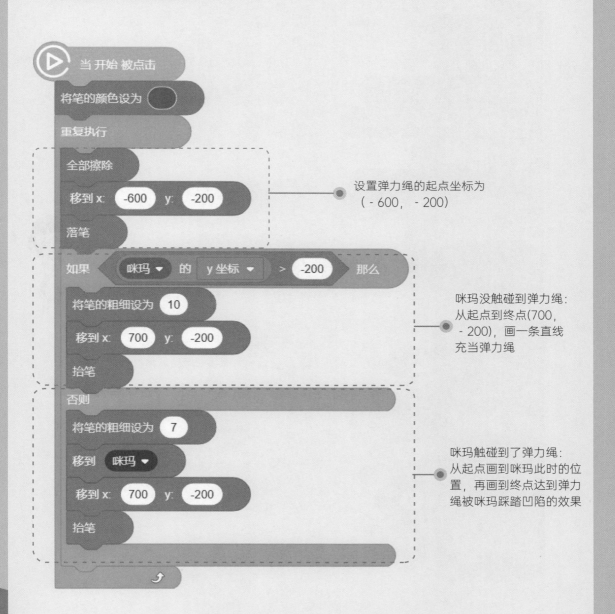

当 开始 被点击

将笔的颜色设为 〇

重复执行

全部擦除

移到 x: -600 y: -200   ●── 设置弹力绳的起点坐标为
                                （-600，-200）
落笔

如果　〈 咪玛 ▾ 的 y坐标 ▾ > -200 〉 那么

将笔的粗细设为 10   ●── 咪玛没触碰到弹力绳：
                                从起点到终点(700，
移到 x: 700 y: -200   -200)，画一条直线
                                充当弹力绳
抬笔

否则

将笔的粗细设为 7

移到 咪玛 ▾   ●── 咪玛触碰到了弹力绳：
                                从起点画到咪玛此时的位
移到 x: 700 y: -200   置，再画到终点达到弹力
                                绳被咪玛踩踏凹陷的效果
抬笔

咪玛

当 开始 被点击

移到 x: 0 y: 100 ●——— 咪玛的初始位置在空中

面向 90 方向

显示

重复执行

碰到边缘就反弹

将旋转方式设为 不可旋转 ▼

如果 按下 → ▼ 键? 那么

将x坐标增加 10

如果 按下 ← ▼ 键? 那么 ●——— 使用方向键控制咪玛左右移动

将x坐标增加 -10

坐标正负区分：右上为正，左下为负

当 开始 被点击

将 速度 ▼ 设为 0 ●——— 初始化变量，使用变量来控制咪玛的y坐标

重复执行

如果 碰到颜色 ● ? 那么

将 速度 ▼ 增加 5.8 判断咪玛是否碰到弹力绳：
●——— 碰到：不断增加变量
否则 没有碰到：不断减小变量

将 速度 ▼ 增加 -4

变量为正数时，咪玛的y坐标
●——— 开始增加，咪玛开始被弹起
将y坐标增加 速度 变量为负数时，咪玛的y坐标
开始减小，咪玛开始下落

弹力

当物体受到挤压时，形状会发生一定的改变。为了让自己变回原样，这个物体会产生一个跟形状变化的方向相反的力，这个力就叫弹力。当弹力绳被压得向下凹陷时，就会产生一个向上的弹力，使自己恢复原样。

想一想，生活中还有哪些常见的物品会产生弹力呢？

小岛主，你掌握上面的知识了吗？请将项目功能补充完整。

知识脑图

让我们一起来梳理，看看小岛主的知识技能提升了多少。

侦测角色是否接触到红色，实时改变y坐标数值

2

```
重复执行
  如果  碰到颜色  ?  那么
    将  速度 ▾ 增加  5.8
  否则
    将  速度 ▾ 增加  -4

  将y坐标增加  速度
```

将y坐标增加一个可变的数值

1

```
将y坐标增加  速度
```

弹力绳1

1. 以下哪个选项可以使变量在舞台上显示（ 　　）

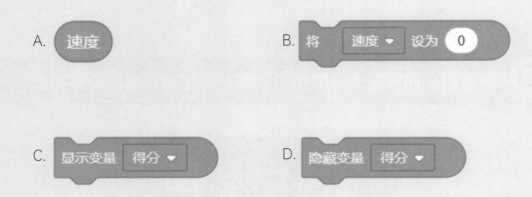

A. 速度

B. 将 速度 ▼ 设为 0

C. 显示变量 得分 ▼

D. 隐藏变量 得分 ▼

2. 判断题，正确的打"√"，错误的打"×"：

当鼠标在舞台左半边时，变量的值增加1。（ 　　）

3. 编程实操：进入密码岛编程平台，登录账号完成课后训练。

准备工作：

背景：

天空

角色：

泡泡

实现功能：

1.泡泡重复行为：显示1秒之后，移到随机位置，再隐藏2秒；

2.建立并初始化一个变量"得分"，如果泡泡被点击，得分增加1分并隐藏泡泡。

第9课 弹力绳2

　　弹力表演过程中，演员们表演了各种高难度动作，观众们都非常惊奇。紧接着工作人员还放了魔法燕子，再让表演者进行捕捉，每次捕捉之后就接着放出下一只魔法燕子。奇幻的魔法燕子能在短时间内变成老鹰，这个时候如果碰到老鹰则判定为失败。一场惊奇的表演就此展开。

 有没有兴趣一起来尝试弹力绳，捕捉到尽可能多的魔法燕子呢？

 微信扫描二维码，预览本课作品的动态效果吧！

学习任务 ////////

想要实现本节课的项目，小岛主们需要掌握以下知识：

1. 回顾造型与随机数积木的综合使用，实现随机造型切换的效果；
2. 回顾多重判断结构；
3. 综合使用外观类相关积木。

角色自由切换造型在舞台中随机滑行

"魔法燕子"造型：如果碰到咪玛，则隐藏一段时间；
"老鹰"造型：如果碰到咪玛，则隐藏并换为失败背景

如果背景为失败背景，则将咪玛隐藏，将
舞台上的画笔痕迹擦除并结束程序的运行

解密玩法

小岛主，一起来尝试对
项目步骤进行分析拆解吧！

1 放出魔法燕子

2 魔法燕子随机变换模样并
随机移动

3 咪玛捕捉魔法燕子，躲避
老鹰

4 咪玛被老鹰碰到则失败

动手实践

登录编程平台，开启你的创作之旅吧！

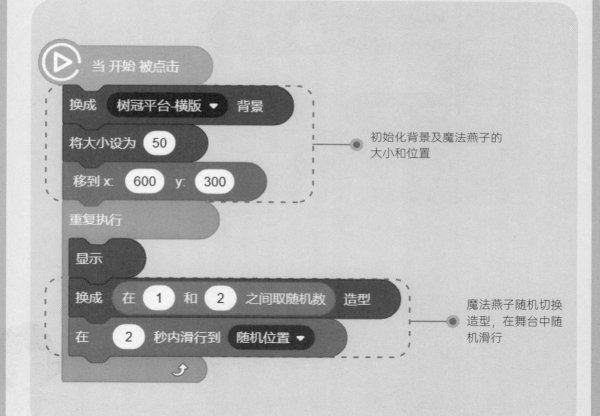

当 开始 被点击

换成 树冠平台-横版 ▼ 背景

将大小设为 50

移到 x: 600 y: 300

———● 初始化背景及魔法燕子的
大小和位置

重复执行

显示

换成 在 1 和 2 之间取随机数 造型

在 2 秒内滑行到 随机位置 ▼

———● 魔法燕子随机切换
造型，在舞台中随
机滑行

73

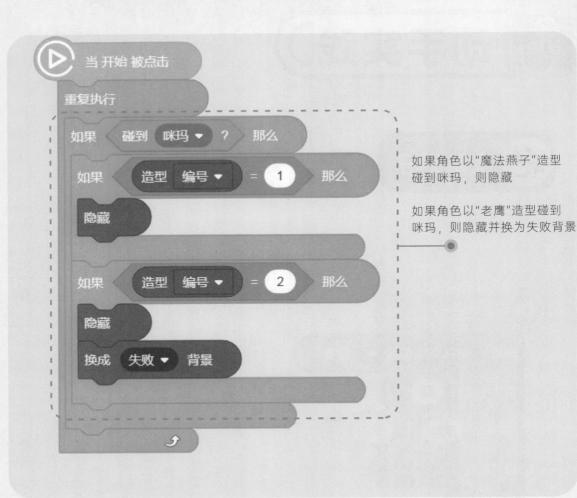

如果角色以"魔法燕子"造型
碰到咪玛，则隐藏

如果角色以"老鹰"造型碰到
咪玛，则隐藏并换为失败背景

多重判断的判断规则：从外到内。先判断外层条件，条件成立时进入内层，
判断内层条件；条件不成立时，直接跳出整个判断继续往下执行。

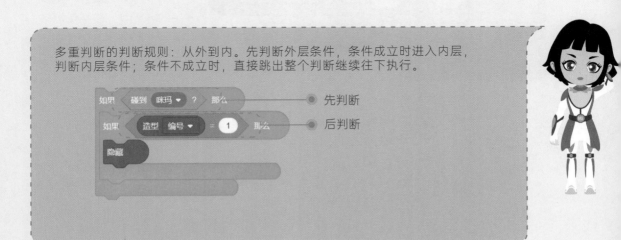

咪玛

利用背景控制角色: 换为失败背景时, 隐藏咪玛, 擦除舞台的弹力绳, 然后停止整个程序的运行

小岛主, 你掌握上面的知识了吗? 请将项目功能补充完整。

知识脑图

让我们一起来梳理, 看看小岛主的知识技能提升了多少。

换成 在 1 和 2 之间取随机数 造型

1 切换为任意造型

多重判断结构 **2**

如果 碰到 咪玛 ? 那么
如果 造型 编号 = 1 那么
隐藏

弹力绳2

1. 下图积木运行之后，角色可能换为编号为几的造型（   ）

A. 1   B. 3   C. 7   D. 9

2. 判断题，正确的打"√"，错误的打"×"：

点击"开始"后，角色位于（-200，-200）。如果将鼠标移到角色，角色会说出"你好！"（   ）

3. 编程实操：进入密码岛编程平台，登录账号完成课后训练。

准备工作：

背景：

天空

角色：

泡泡

实现功能：

1.打开上节课的编程实操题，给泡泡添加一个"炸弹"造型；

2.泡泡每次隐藏之后都会随机切换造型；

3.泡泡被点击时，如果造型为"泡泡"则隐藏，得分增加1分；

如果造型为"炸弹"则隐藏，得分减少1分。

第10课 寻觅鲜花1

近日，密码公园推出了一个主题活动——鲜花幻境，进入幻境中的玩家需要在众多虚拟的鲜花中寻觅出被随机放置的真正鲜花才能离开幻境，而虚拟的鲜花会在触碰到玩家的时候消失。了解到此，咪玛和小伙伴们都迫不及待地想要去尝试。

让我们一起走进鲜花幻境，寻找出隐藏在虚拟鲜花中的真正鲜花吧！

微信扫描二维码，预览本课作品的动态效果吧！

学习任务 //////////

想要实现本节课的项目，小岛主们需要掌握以下知识：

1. 回顾克隆积木的相关使用；
2. 回顾使用广播实现角色之间的交流。

当接收到开始时，利用鼠标控制艾码移动

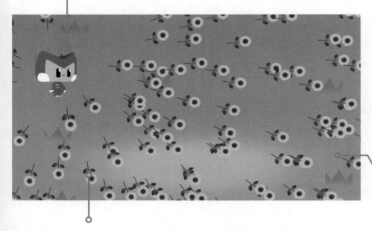

将鲜花角色移动到随机位置之后广播"开始"

接收到广播之后进行克隆，得到许多虚拟鲜花

克隆体被艾码碰到时会删除自己

如果鲜花本体碰到艾码，同时按下了鼠标，则隐藏并停止角色的其他脚本

解密玩法

小岛主，一起来尝试对项目步骤进行分析拆解吧！

1 真正鲜花放置于随机位置

2 铺满虚拟鲜花

3 选手排除虚拟鲜花，寻找真花

动手实践

登录编程平台，开启你的创作之旅吧！

🌻 向日葵花

初始化花朵的大小和方向，将花朵移到随机位置，然后广播"开始"

广播的使用规则是什么呢？

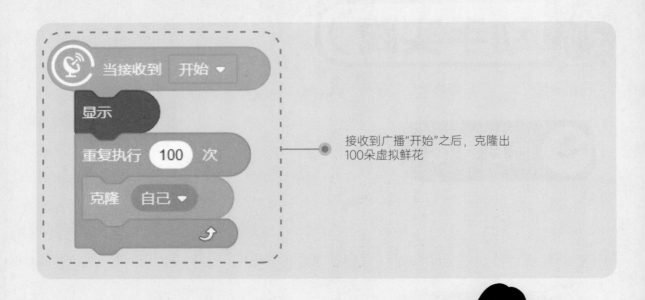

接收到广播"开始"之后，克隆出
100朵虚拟鲜花

如果想要控制克隆体，需要使用 当作为克隆体启动时 积木哦！

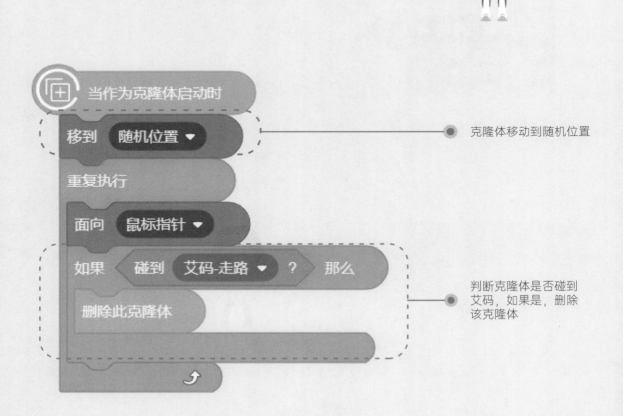

克隆体移动到随机位置

判断克隆体是否碰到
艾码，如果是，删除
该克隆体

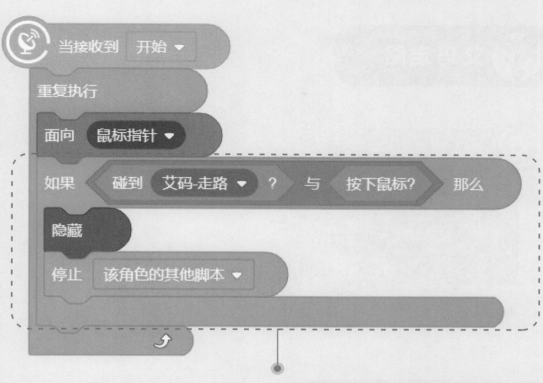

判断是否按下鼠标同时本体碰到艾码，如果是，则隐藏并停止该角色的其他脚本

你还记得下面积木3个选项的不同之处吗?

停止 全部脚本 ▼

✓ 全部脚本
这个脚本
该角色的其他脚本

艾玛走路

艾码接收到"开始"之后一直跟着鼠标移动

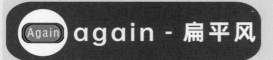
again - 扁平风

初始化角色的位置、大小和隐藏状态

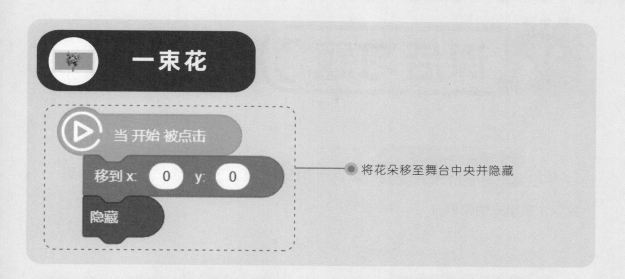

将花朵移至舞台中央并隐藏

小岛主，你掌握上面的知识了吗？请将项目功能补充完整。

知识脑图

让我们一起来梳理，看看小岛主的知识技能提升了多少。

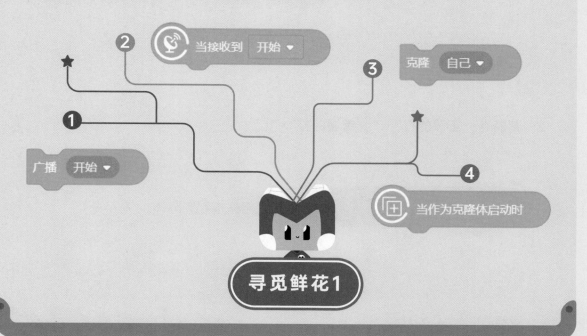

1. 使用 【广播 消息2 ▼】 发送一个广播消息，下列哪个选项可以接收到此积木发出来的消息（   ）

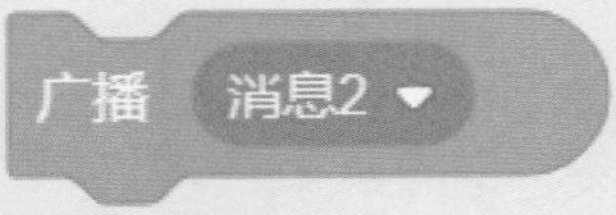

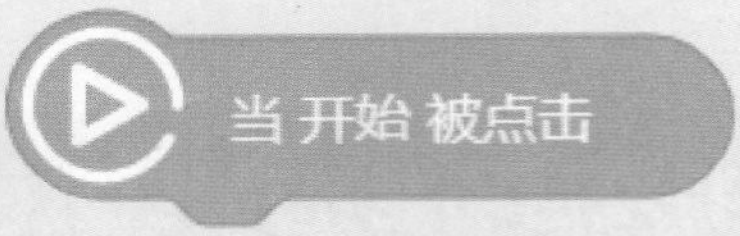

当 开始 被点击

A.

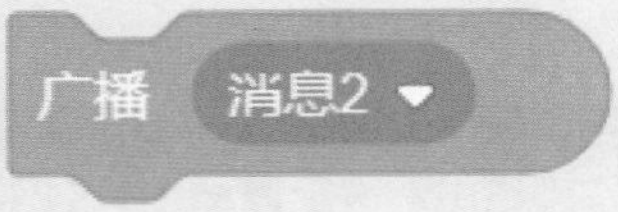

广播 消息2 ▼

B.

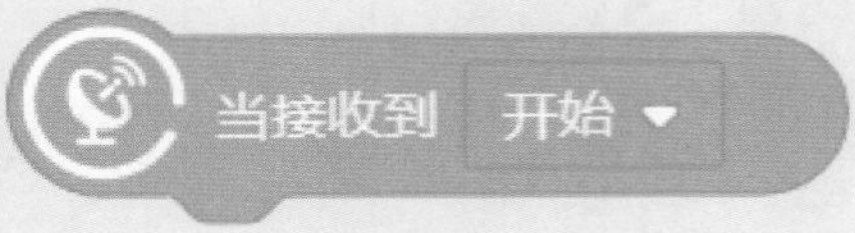

当接收到 开始 ▼

C.

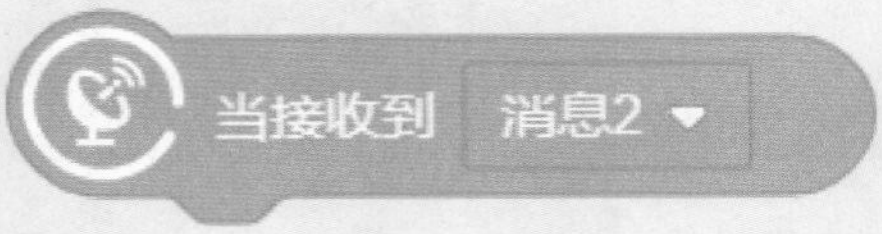

当接收到 消息2 ▼

D.

2. 判断题，正确的打"√"，错误的打"×"：

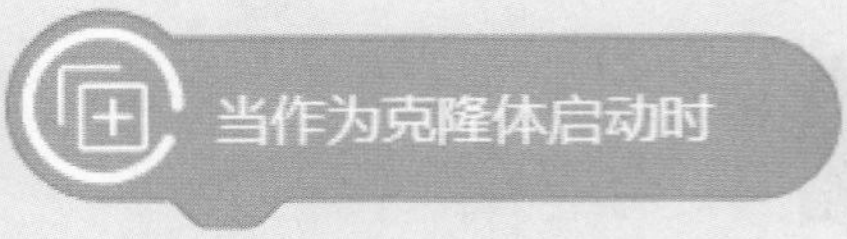

当作为克隆体启动时   积木可以用来控制克隆体。（   ）

3. 编程实操：进入密码岛编程平台，登录账号完成课后训练。

准备工作：

背景：

舞台

角色：

泡泡

研究员

实现功能：

1.点击"开始"后，研究员站在舞台中央说"演出开始"2秒，然后广播"开始"，
　走到一旁；

2.泡泡的起始大小为10，状态为隐藏；

3.泡泡接收到广播之后开始不断克隆自己，克隆体在背景中的舞台区域显示；

4.克隆体会不断增加，如果大小超过60，则删除此克隆体。

第**11**课 寻觅鲜花2

　　正式活动开始了，活动过程中会进行计时，如果在10秒之内无法找出真正的鲜花，只能够重新开始。但艾码一点都不担心，她已经练习了很多遍。在开始的哨声吹响之后，艾码立刻在草地上来回跑，地毯式搜索，一下子就排除了很多虚拟鲜花，就在倒数3秒时，艾码找到了真正的鲜花，也得到了一捧鲜花作为成功的奖励。

 来和我一起在众多虚拟鲜花中找出真正的鲜花吧！

 微信扫描二维码，预览本课作品的动态效果吧！

学习任务 //////////

想要实现本节课的项目，小岛主们需要掌握以下知识：

1.回顾计时器相关积木的使用；

2.回顾程序停止相关积木的使用。

接收到"开始"之后，开始计时，当超出时间后还没有找到真花就结束，点击按钮重新开始

玩家找到真花后点击，会出现一束花

解密玩法

小岛主，一起来尝试对项目步骤进行分析拆解吧！

1 游戏开始时，开始计时

2 在规定时间内找到真花后赠送一束花

3 超出时间后重新开始

登录编程平台，开启你的创作之旅吧！

向日葵花

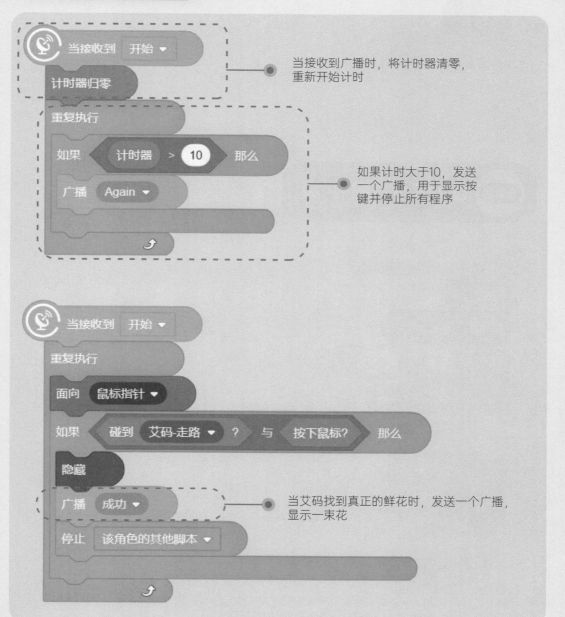

当接收到广播时，将计时器清零，重新开始计时

如果计时大于10，发送一个广播，用于显示按键并停止所有程序

当艾码找到真正的鲜花时，发送一个广播，显示一束花

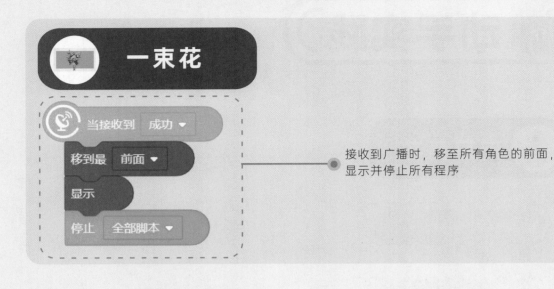

一束花

接收到广播时，移至所有角色的前面，
显示并停止所有程序

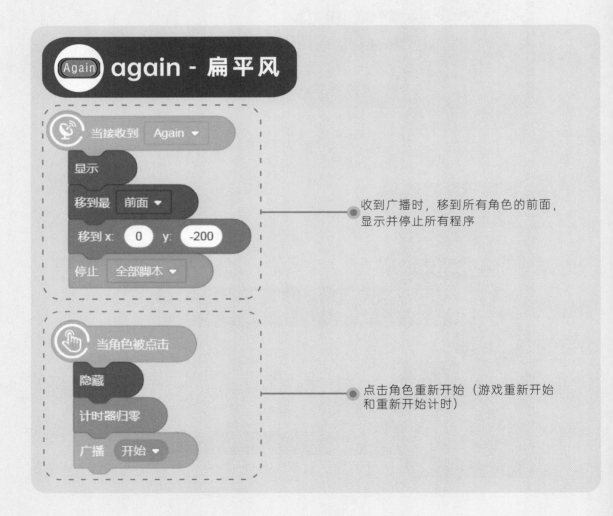

again - 扁平风

收到广播时，移到所有角色的前面，
显示并停止所有程序

点击角色重新开始（游戏重新开始
和重新开始计时）

小岛主，你掌握上面的知识了吗？请将项目功能补充完整。

知识脑图

让我们一起来梳理，看看小岛主的知识技能提升了多少。

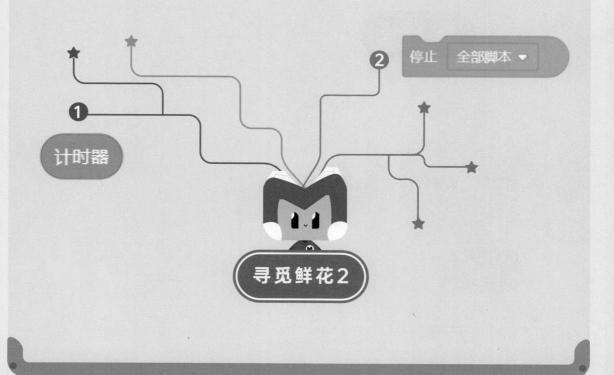

停止 全部脚本 ▼

① 计时器

②

寻觅鲜花2

课后习题

1. 下列哪个选项不能将计时器设为0（　　）

A. 计时器归零

B. 清除图形特效

C. 开始

2. 判断题，正确的打"√"，错误的打"×"：

计时器 积木属于平台内置变量。（　　）

3. 编程实操：进入密码岛编程平台，登录账号完成课后训练。

准备工作：

背景：

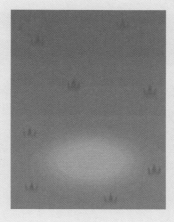

草地

角色：

咪玛 - 正面

乌鸦

研究员

实现功能：

1.点击"开始"后，克隆出多个咪玛在随机位置上；

2.研究员跟随鼠标移动，寻找真正的咪玛；

3.当研究员触碰到假的咪玛时，假的咪玛切换成"乌鸦"造型；

4.当研究员触碰到真的咪玛时，停止其他脚本，并提示"终于找到你了"。

第12课 接住甜甜圈1

灵伊漫不经心地走在大街上，心里想着今天老师布置的作业题。突然被街上一家名为密码岛甜品店的活动给吸引住了，密码岛甜品店门口旁边有一个甜品机。里面有不同的甜品在晃动，还有一个魔术帽在随机移动。灵伊很想尝尝这家店的甜品，她走到了甜品机面前……

 甜品店在做什么活动呢？让我们一起来看看吧！

微信扫描二维码，预览本课作品的动态效果吧！

学习任务 ///////

想要实现本节课的项目，小岛主们需要掌握以下知识：

1.回顾循环嵌套的相关使用；

2.回顾方向相关积木的使用。

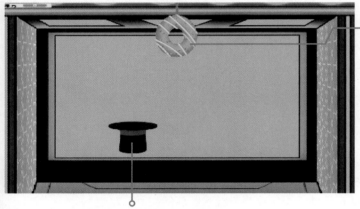

甜甜圈不停地左右摆动，直到按下空格键，向摆动的方向移动

按下空格键时甜甜圈克隆自己然后隐藏本体，等待2秒待克隆体消失后再显示

克隆体向此时的方向移动

克隆体移至舞台边缘时删除自己

在指定时间内移到指定的随机范围中

解密玩法

小岛主，一起来尝试对项目步骤进行分析拆解吧！

1 甜甜圈在左右摆动

2 按下按键使甜甜圈掉落

3 魔术帽在移动

动手实践

登录编程平台，开启你的创作之旅吧！

甜甜圈

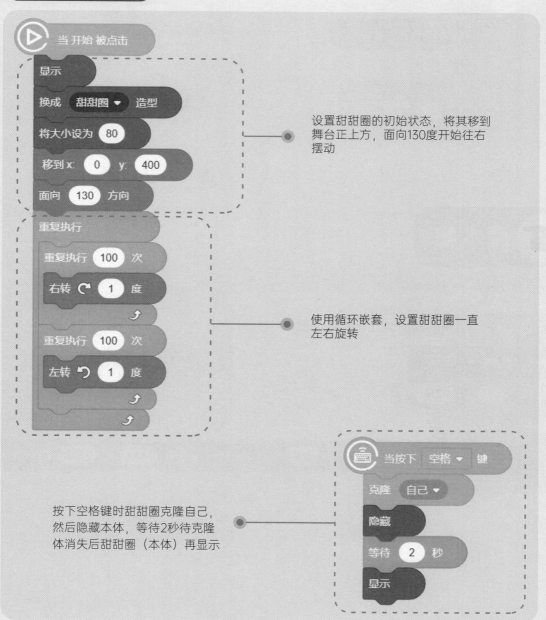

当 开始 被点击
显示
换成 甜甜圈 ▾ 造型
将大小设为 80
移到 x: 0 y: 400
面向 130 方向

设置甜甜圈的初始状态，将其移到舞台正上方，面向130度开始往右摆动

重复执行
重复执行 100 次
右转 ↻ 1 度
重复执行 100 次
左转 ↺ 1 度

使用循环嵌套，设置甜甜圈一直左右旋转

按下空格键时甜甜圈克隆自己，然后隐藏本体，等待2秒待克隆体消失后甜甜圈（本体）再显示

当按下 空格 ▾ 键
克隆 自己 ▾
隐藏
等待 2 秒
显示

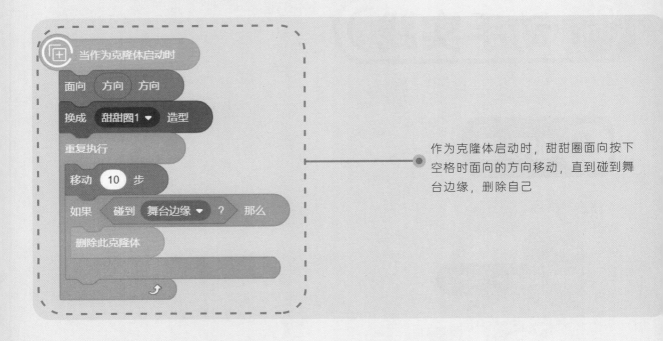

作为克隆体启动时，甜甜圈面向按下
空格时面向的方向移动，直到碰到舞
台边缘，删除自己

初始化魔术帽的造型和位置，让其在一定时间内在舞台中指定范围内滑行。

小岛主，你掌握上面的知识了吗？请将项目功能补充完整。

知识脑图

让我们一起来梳理，看看小岛主的知识技能提升了多少。

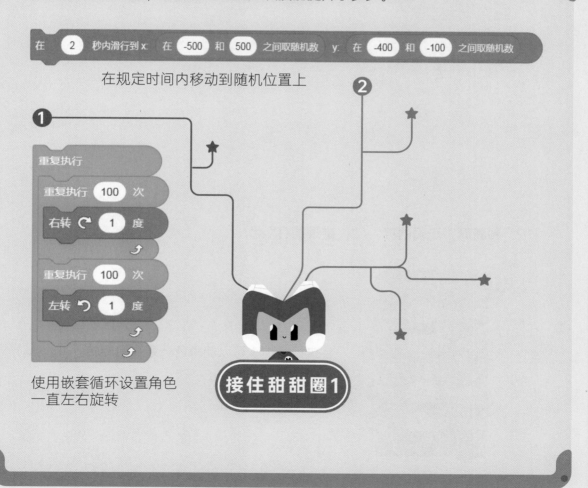

在 2 秒内滑行到 x: 在 -500 和 500 之间取随机数 y: 在 -400 和 -100 之间取随机数

在规定时间内移动到随机位置上

重复执行
　重复执行 100 次
　　右转 ↻ 1 度

　重复执行 100 次
　　左转 ↺ 1 度

使用嵌套循环设置角色
一直左右旋转

接住甜甜圈1

1. 执行此脚本后，角色不可能出现在哪个位置上（   ）

A.（100,0）   B.（0,0）   C.（0,200）   D.（- 200,400）

2. 判断题，正确的打"√"，错误的打"×"：

执行此脚本可以使角色一直来回旋转。（   ）

3. 编程实操：进入密码岛编程平台，登录账号完成课后训练。

准备工作：

背景：

林间空地

角色：

咪玛 · 俯视

发光圈

牛

实现功能：

1.点击"开始"后，咪玛出现在舞台正上方；

2.发光圈移到咪玛的位置上；

3.牛在舞台下方不断从右侧往左侧移动；

4.按下空格键发光圈进行克隆，克隆体往下移动。如果碰到舞台边缘则删除克隆体，
  如果碰到牛则停止游戏。

第13课 接住甜甜圈2

——字符型数据

　　灵伊看到甜品机旁边贴着游戏规则：找准时机按下按键，让甜品掉落到魔术帽中，甜品就归你了。看完游戏规则后，灵伊便开始尝试跟着游戏规则的说明，看准时机，按下按键。经过几轮操作后，灵伊终于将甜甜圈装进了魔术帽中。

 为了拿到甜甜圈，一起来看看游戏规则是怎样的吧！

 微信扫描二维码，预览本课作品的动态效果吧！

学习任务 ///////

想要实现本节课的项目，小岛主们需要掌握以下知识：
1.学习字符相关积木的使用；
2.学习运算中的相关积木。

碰到魔术帽得分加1分，并发送广播给其他角色，
告诉它们甜甜圈碰到了魔术帽

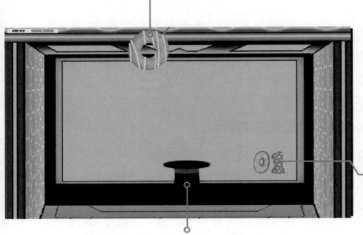

实时显示得分情况

收到得分增加的广播后，切换造型2，
等待1秒后恢复原来的造型

解密
玩法

小岛主，一起来尝试对
项目步骤进行分析拆解吧！

1 设置得分游戏规则

2 添加实时得分显示功能

3 添加其他有趣的特效

动手实践

登录编程平台，开启你的创作之旅吧！

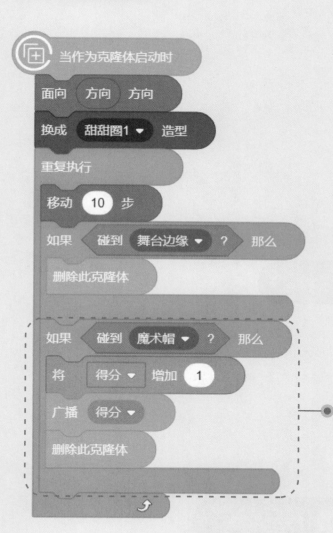

侦测如果碰到魔术帽，得分加1分，
并给其他角色发送广播后删除自己

1 数字 - 彩绘

当 开始 被点击

移到 x: 360 y: -150

换成 数字-彩绘 ▼ 造型

显示

克隆 自己 ▼

将数字符号移至指定位置上，
设置初始造型后克隆自己

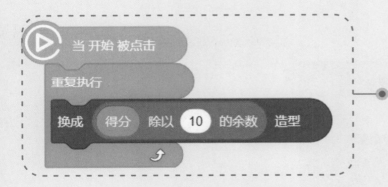

当 开始 被点击

重复执行

换成 得分 除以 10 的余数 造型

通过计算得分除以10后得到的余数
求出个位上的数字，再设置为对应
造型

当作为克隆体启动时

移到 x: 300 y: -150

重复执行

换成 得分 / 10 的第 1 个字符 造型

计算得分除以10之后得到的商，
再获取第1个字符，求出十位上
的数字，再设置为对应造型

运算模块

苹果 的第 **1** 个字符

- 获取字符串中某个字符
  例如，"苹果"的第 1 个字符为"苹"

◯ 除以 ◯ 的余数

- 求某个数除以某个数的余数
  例如，3÷2的余数是1

字符型数据

还记得我们学习过的变量和数据类型吗？

　　数据类型可以是我们学习过的数值型变量，如人的身高是用数值表示的，属于数值型变量；也可以是字符型变量，如奖状中的名字和称号是用文字表示的，属于字符型变量。

109

魔术帽

当接收到 得分 ▼

换成 魔术帽1 ▼ 造型

等待 1 秒

换成 魔术帽 ▼ 造型

魔术帽接住甜甜圈后切换为第2个造型，等待1秒后换回原始造型

鼓掌

当 开始 被点击

移到 x: -150 y: -300

隐藏

移至舞台下方隐藏起来

当接收到 得分 ▼

显示

重复执行 5 次

左转 ↺ 15 度

等待 0.1 秒

右转 ↻ 15 度

等待 0.1 秒

隐藏

当魔术帽接住甜甜圈后显示出来，模拟鼓掌的效果后隐藏

小岛主，你掌握上面的知识了吗？请将项目功能补充完整。

知识脑图

让我们一起来梳理，看看小岛主的知识技能提升了多少。

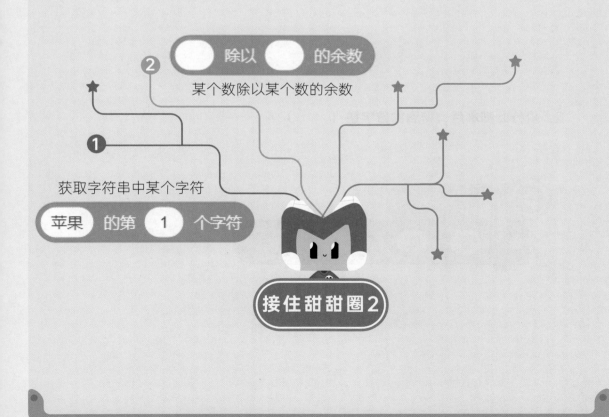

○ 除以 ○ 的余数
2
某个数除以某个数的余数

1

获取字符串中某个字符

苹果 的第 **1** 个字符

接住甜甜圈2

课后习题

1. 执行此脚本后，得到的数字是（　　）

当 开始 被点击

说　4　除以　3　的余数　的第　1　个字符

A. 1　　　　　　B. 0　　　　　　C. 2　　　　　　D. 3

2. 执行此脚本后，得到的数字是（　　）

当 开始 被点击

说　5　/　2　的第　1　个字符

A. 1　　　　　　B. 0　　　　　　C. 2　　　　　　D. 3

3. 编程实操：进入密码岛编程平台，登录账号完成课后训练。

准备工作：

背景：

树下

角色：

红苹果

吊篮

实现功能：

1.点击"开始"后，使用克隆方法实现苹果从舞台上方下落，直到碰到
　舞台边缘删除克隆体；

2.吊篮只能在舞台下方随着鼠标左右移动（即固定住吊篮的y坐标）；

3.吊篮接到苹果后得分加1分，并删除克隆体。

第14课 投篮高手1

咪玛他们终于来到了游戏城，来游戏城玩已经是他们期待已久的事情了，只不过有学业在身，所以他们只好等放假的时候过来。游戏城摆满了各种各样的游戏机，最吸引咪玛和巴哥的是投篮机。买好了游戏币后，他们非常激动地来到投篮机前，将游戏币放进了投篮机，他们将篮球拿在手上，二话不说就开始投篮。

 一起来投篮，看看谁才是真正的投篮高手吧！

 微信扫描二维码，预览本课作品的动态效果吧！

学习任务 //////////

想要实现本节课的项目，小岛主们需要掌握以下知识：
1.回顾之前学过的相关知识；
2.积木的综合运用。

篮球框会在舞台上方随机移动

点击鼠标，篮球投向鼠标所在的方向

篮球碰到篮框，篮筐切换到造型2

投完之后，篮球回到投球者手上

通过点击鼠标来蓄力投出篮球

点击鼠标切换成投球造型后再次切换回原本造型

解密
玩法

小岛主，一起来尝试对项目步骤进行分析拆解吧！

1 瞄准篮筐准备投球

2 将球投出，投进或投不进

3 投球后球回到投球者身上

动手实践

登录编程平台，开启你的创作之旅吧！

① 能量条

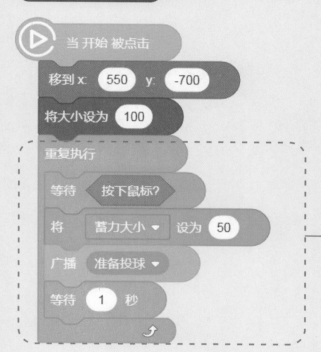

当 开始 被点击

移到 x: 550 y: -700

将大小设为 100

重复执行
　等待 按下鼠标?
　将 蓄力大小 ▼ 设为 50
　广播 准备投球 ▼
　等待 1 秒

按下鼠标之后给篮球力量，力量值为50，并给投球者和球发送一个广播

投球者

当 开始 被点击

移到 x: 0 y: -250

移到最 前面 ▼

换成 投球者 ▼ 造型

移至舞台下方，设置初始造型放在所有角色前面

117

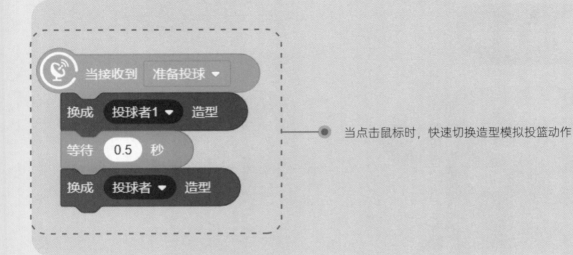

当点击鼠标时，快速切换造型模拟投篮动作

在舞台上方不断随机移动

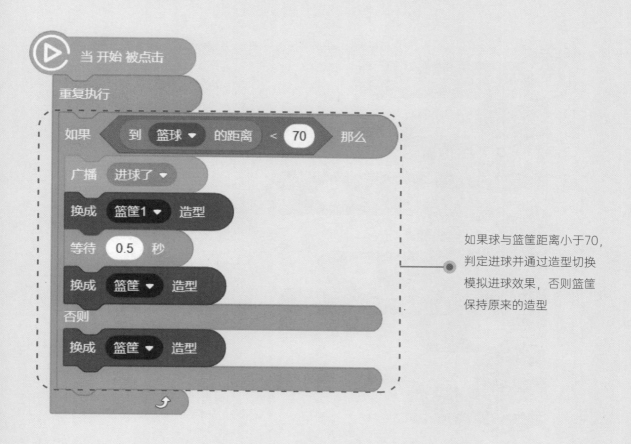

如果球与篮筐距离小于70，判定进球并通过造型切换模拟进球效果，否则篮筐保持原来的造型

篮球

移到投篮者身上之后隐藏

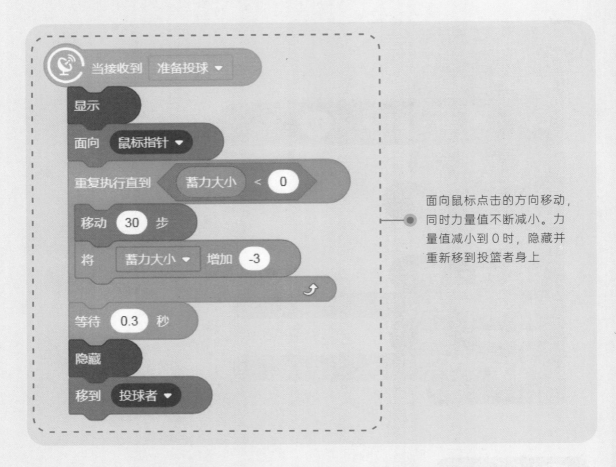

当接收到 准备投球 ▼

显示

面向 鼠标指针 ▼

重复执行直到 蓄力大小 < 0

移动 30 步

将 蓄力大小 ▼ 增加 -3

等待 0.3 秒

隐藏

移到 投球者 ▼

面向鼠标点击的方向移动，同时力量值不断减小。力量值减小到 0 时，隐藏并重新移到投篮者身上

当接收到 进球了 ▼

隐藏

移到 投球者 ▼

当球投到篮框中，隐藏并重新回到投球者身上

小岛主，你掌握上面的知识了吗？请将项目功能补充完整。

知识脑图

让我们一起来梳理，看看小岛主的知识技能提升了多少。

① 设置变量的值为50

将 蓄力大小 设为 50

② 重复移动直到变量的值小于0

重复执行直到 < 蓄力大小 < 0 >
移动 30 步
将 蓄力大小 增加 -3

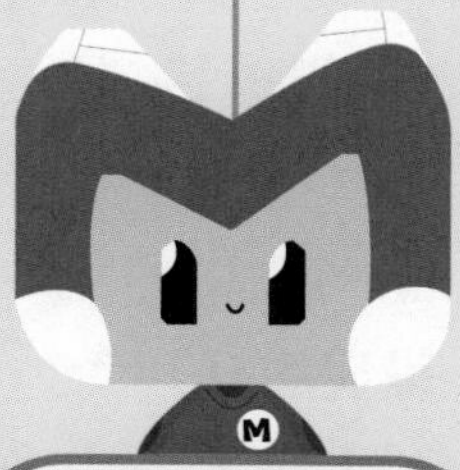

投篮高手1

1. 执行完此脚本后，得到的分数是（　　　）

  A. 90   B. 110   C. 9   D. 0

2. 判断题，正确的打"√"，错误的打"×"：

执行 [广播 开始 并等待] 积木时不需要等待结果即可往下执行。（　　　）

3. 编程实操：进入密码岛编程平台，登录账号完成课后训练。

准备工作：

背景：

天空

角色：

气球   能量条

实现功能：

1.创建一个变量，按下鼠标后开始蓄力；

2.鼠标按得越久蓄力越多，达到最大蓄力100后不再增加；

3.松开鼠标后气球往上移动直到蓄力减少为0。

第15课 投篮高手2

站在咪玛身后的灵伊突然有个主意，想让咪玛和巴哥来一场比赛，看谁投进的球最多。但这台投球机没有什么挑战性，所以他们决定换旁边另外的一台。这台投篮机增加了蓄力的功能，你要在蓄力的同时看好投篮框，找准时机投出去，如果蓄力不足则球就会投不远。咪玛和巴哥即将进入一场投球大比拼……

 精彩的比赛即将开始，一起来看看谁能够胜出吧！

 微信扫描二维码，预览本课作品的动态效果吧！

通过长按鼠标开始蓄力，
能力值一直在改变

超过一定值重新开始蓄力，
松开鼠标后蓄力结束并投球

解密
玩法

小岛主，一起来尝试对
项目步骤进行分析拆解吧！

1 按下鼠标开始蓄力

2 根据能量条控制蓄力大小

3 瞄准方向进行投球

动手实践

登录编程平台，开启你的创作之旅吧！

1 能量条

当 开始 被点击

移到 x: 550 y: -700

将大小设为 100

重复执行
　等待 按下鼠标?
　将 蓄力大小 ▼ 设为 50
　广播 准备投球 ▼
　等待 1 秒

还记得这部分的脚本吗？这是上节课中"能量条"实现的脚本，在本节课中将会修改成下一页的脚本。

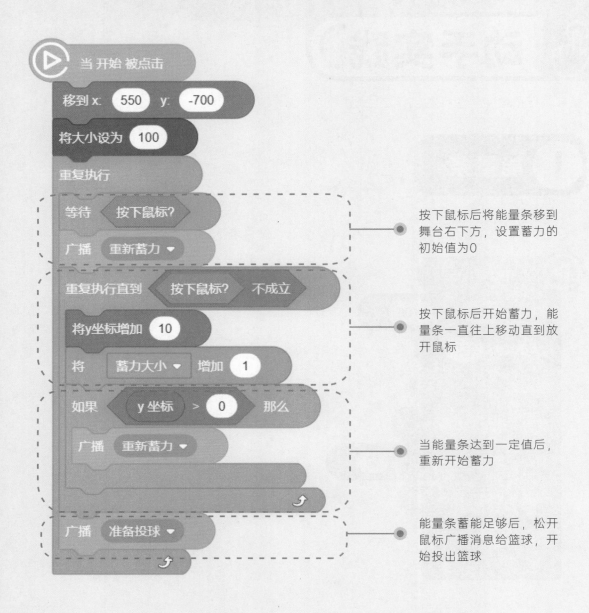

当 开始 被点击

移到 x: 550 y: -700

将大小设为 100

重复执行
　等待 按下鼠标?
　广播 重新蓄力 ▼

　重复执行直到 ⟨ 按下鼠标? 不成立 ⟩
　　将y坐标增加 10
　　将 蓄力大小 ▼ 增加 1

　如果 ⟨ y 坐标 > 0 ⟩ 那么
　　广播 重新蓄力 ▼

　广播 准备投球 ▼

按下鼠标后将能量条移到舞台右下方,设置蓄力的初始值为0

按下鼠标后开始蓄力,能量条一直往上移动直到放开鼠标

当能量条达到一定值后,重新开始蓄力

能量条蓄能足够后,松开鼠标广播消息给篮球,开始投出篮球

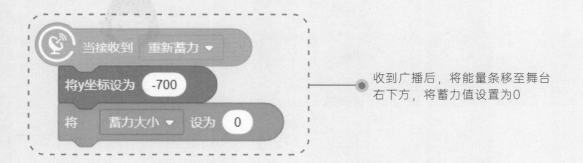

当接收到 重新蓄力 ▼

将y坐标设为 -700

将 蓄力大小 ▼ 设为 0

收到广播后,将能量条移至舞台右下方,将蓄力值设置为0

知识脑图

让我们一起来梳理，看看小岛主的知识技能提升了多少。

1 将变量一直增加直到放开鼠标

2 等待鼠标按下

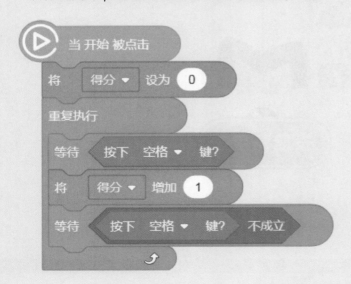

课后习题

1. 以下变量中哪个不属于内置变量（　　）

    A. 蓄力大小

    B. 计时器

    C. 大小

    D. 音量

2. 判断题，正确的打"√"，错误的打"×"：

    执行此脚本，每按下空格键一次增加1分。（　　）

当 开始 被点击
将 得分 ▼ 设为 0
重复执行
　等待 按下 空格 ▼ 键?
　将 得分 ▼ 增加 1
　等待 按下 空格 ▼ 键? 不成立

3. 编程实操：进入密码岛编程平台，登录账号完成课后训练。

准备工作：

背景：

天空

角色：

气球　　　　　　　　　　　　　　　能量条

实现功能：

1.按下鼠标后开始蓄力，能量条慢慢往上涨；

2.鼠标按得越久蓄力越多，能量条涨得越高，达到最大蓄力100后不再增加；

3.松开鼠标后气球往上移动直到蓄力减少为0。